El ciclo de vida del

PINGÜINO EMPERADOR

Bobbie Kalman y
Robin Johnson

Un libro de la corona de Crabtree

Crabtree Publishing
crabtreebooks.com

El ciclo de vida del

PINGÜINO EMPERADOR

Autoras Bobbie Kalman y Robin Johnson

Editoras Molly Aloian, Rebecca Sjonger

Diseño Rhea Wallace

Consultora Patricia Loesche, Ph.D., Programa sobre el comportamiento de animales, Departamento de Psicología, University of Washington

Fotografías pg 14: Glenn Grant/NSF, All other images from Shutterstock

Crabtree Publishing

crabtreebooks.com 800-387-7650

Printed in Canada/012025/CP20250101

Published in Canada
Crabtree Publishing
616 Welland Ave.
St. Catharines, Ontario
L2M 5V6

Published in the United States
Crabtree Publishing
347 Fifth Ave
Suite 1402-145
New York, NY 10016

Hardcover: 978-1-0398-6511-2
Paperback: 978-1-0398-6580-8
Ebook (pdf): 978-1-0398-6649-2
Epub: 978-1-0398-6718-5
Audio: 978-1-0398-6781-9
Read-Along: 978-1-0398-6844-1

Contenido

¿Què son los pingüinos?

Los pingüinos emperadores son pingüinos grandes. Miden unas 45 pulgadas (114 cm) y pesan entre 48 y 81 libras (entre 22 y 37 kg).

Los pingüinos son **aves**. Las aves son animales que tienen plumas, un pico, dos patas y dos alas. A diferencia de la mayoría de las aves, los pingüinos no usan las alas para volar. Como viven principalmente en el agua, las usan para nadar. Al igual que todas las aves, los pingüinos respiran por medio de los **pulmones**. Los pulmones son partes del cuerpo que sirven para tomar y dejar salir el aire. Los pingüinos no pueden respirar debajo del agua. Deben nadar hacia la superficie del agua para respirar aire.

Sangre caliente

Los mamíferos son animales **de sangre caliente**. La temperatura corporal de un animal de sangre caliente se mantiene casi igual tanto en lugares fríos como en lugares cálidos. La mayoría de los pingüinos viven en lugares muy fríos. Sus gruesas plumas les ayudan a mantener el calor.

Colonias de pingüinos

Hay 17 **especies** o tipos de pingüinos. Este libro habla de los pingüinos emperadores. Al igual que todos los pingüinos, los pingüinos emperadores viven en grupos llamados **colonias**, como la que ves a la derecha. Estos pingüinos viajan, crían a sus polluelos y cazan su alimento en colonias.

Los pingüinos macaroni son pingüinos con cresta. Estos pingüinos tienen un penacho de plumas en la parte superior de la cabeza.

Los pingüinos azules pequeños son la especie más pequeña de pingüinos. Son del tamaño de un pato.

Los pingüinos de Adelia son la especie más común de pingüinos.

El lugar màs frìo de la Tierra

Los pingüinos emperadores pasan la mayor parte del tiempo nadando en el océano Antártico.

Un **hábitat** es el lugar natural en el que vive un animal. El hábitat de los pingüinos emperadores es el océano Antártico. Este océano rodea la Antártida. La Antártida es el **continente** del extremo sur y el lugar más frío de la Tierra. El océano Antártico es tan frío que la superficie se congela y se forman grandes trozos de hielo. Estos bloques enormes de hielo que flotan se llaman **masas de hielo**. Cuando los pingüinos emperadores salen del agua, generalmente se suben a las masas de hielo.

Claro u oscuro

La Antártida se encuentra en el **hemisferio sur**. En la mayor parte del hemisferio sur hay cuatro estaciones: primavera, verano, otoño e invierno. Sin embargo, en la Antártida hay sólo dos estaciones: un verano frío y un invierno helado. Durante el verano hay sol casi todo el día. En cambio, durante el invierno hay oscuridad casi las 24 horas del día.

Temperaturas muy bajas

Cuando los pingüinos emperadores están afuera del océano, se encuentran en el **clima** más frío, ventoso y seco del mundo. La temperatura promedio de la Antártida es de cerca de -58° F (-50° C). En invierno hay tormentas fuertes y vientos muy fríos que soplan a una velocidad de hasta 200 millas (322 km) por hora. La Antártida está cubierta de nieve todo el año. Recibe menos de dos pulgadas (5 cm) de **precipitación** por año, pero la temperatura nunca llega a ser lo suficientemente alta como para derretir toda la nieve.

En la Antártida hay unas 40 colonias de pingüinos emperadores.

El cuerpo del pingüino emperador

El cuerpo del pingüino emperador está preparado para vivir en el océano Antártico. Este pingüino tiene alas muy fuertes que usa como aletas al nadar. Su cuerpo es **estilizado** o alargado y liso, lo cual le permite nadar rápidamente en el agua. Los pingüinos emperadores deben nadar con velocidad para encontrar alimento y evitar a los **depredadores**. Los depredadores son animales que cazan y se comen a otros animales.

Plumas y grasa

Los pingüinos emperadores tienen dos capas de plumas para mantener el cuerpo caliente. La capa externa consta de muchas plumas pequeñas cubiertas de aceite. El aceite las hace **impermeables**. Debajo de la capa de plumas pequeñas hay una capa de plumas abrigadas y esponjosas, llamadas **plumón**.

El plumón atrapa el aire caliente cerca de la piel del pingüino. Debajo de la piel hay una gruesa capa de **grasa** que también sirve para mantener el calor. De hecho, con tantas capas a veces los pingüinos tienen demasiado calor. Para refrescarse, esponjan las plumas o extienden las alas; así dejan salir el calor corporal.

Muy bien vestidos

El vientre de los pingüinos es blanco y el lomo es negro. Este contraste de colores se llama **contracoloración**. La contracoloración es una combinación de colores que hace difícil que los depredadores vean a un animal. Cuando un pingüino nada por encima de un depredador, es posible que éste no lo vea porque el vientre blanco del pingüino se confunde con el brillo del agua. Cuando un pingüino nada por debajo de un depredador, es posible que éste no lo vea porque el lomo negro del pingüino se confunde con la oscuridad del fondo del océano.

¿Què es un ciclo de vida?

Todos los animales pasan por una serie de cambios a medida que crecen. Estos cambios se llaman **ciclo de vida**. Al comienzo del ciclo de vida, el animal sale de un huevo o nace del cuerpo de la madre. Después crece y cambia hasta que **madura**, es decir, se convierte en adulto. Un animal maduro puede **aparearse** o unirse con otro animal de su especie para tener crías.

Período de vida

El ciclo de vida no es lo mismo que el **período de vida**. El período de vida de un animal es el tiempo en que el animal está vivo. A pesar de su hábitat tan duro, el pingüino emperador tiene un período de vida de cerca de 20 años. ¡Algunos llegan a vivir hasta los 40 años!

El ciclo de vida de los pingüinos emperadores

El pingüino emperador comienza su ciclo de vida en forma de **embrión** o cría en desarrollo dentro de un huevo que pone la madre. El padre lo **incuba**, es decir, lo mantiene caliente. Mientras el huevo se está incubando, el embrión se desarrolla. Cuando el huevo se ha incubado durante aproximadamente 64 días, de él sale un **polluelo**. Un polluelo es una cría de ave. La madre y el padre se turnan para alimentarlo, mantenerlo caliente y protegerlo de los depredadores. Cuando el polluelo tiene cinco meses, los padres dejan de cuidarlo. Al poco tiempo, el polluelo tiene una **muda**, es decir, se le caen las plumas y le salen plumas nuevas. Después de la muda, al joven pingüino se le llama **volantón**. El volantón continúa creciendo y desarrollándose hasta que madura. Las hembras maduran a los cinco años. Los machos maduran entre los cinco y los seis años.

Viaje sobre el hielo

Las colonias de pingüinos emperadores viven principalmente en el océano. Cuando comienza el invierno, se trasladan hacia las masas de hielo para poner sus huevos y criar a sus polluelos. Sobre el hielo, una colonia viaja entre 31 y 75 millas (entre 50 y 121 km) para llegar a su **lugar de reproducción**. El lugar de reproducción es la zona en la que una colonia de pingüinos se aparea y pone huevos. Los pingüinos viajan durante días caminando o **deslizándose**. Los pingüinos se deslizan sobre el vientre, usando las alas y las patas para empujarse hacia adelante.

Sin comida durante el viaje

Los pingüinos emperadores no se alimentan desde el momento en que dejan el océano hasta el momento en que regresan a él. Mientras están en las masas de hielo viven de la grasa de su cuerpo, la cual les proporciona la energía que necesitan para sobrevivir. Tampoco toman agua durante su estadía en las masas de hielo. Comen nieve para obtener el agua necesaria para sobrevivir.

Para los pingüinos, deslizarse es más rápido que caminar.

Fiesta de pingüinos

Las colonias de pingüinos llegan a su lugar de reproducción en mayo. La mayoría de los lugares de reproducción son regiones protegidas en las masas de hielo, donde los grandes **acantilados** o paredes empinadas de hielo protegen a los pingüinos de los vientos fuertes.

La colonia de pingüinos que se encuentra en su lugar de reproducción se llama **colonia de cría**. Algunas colonias de cría son pequeñas y otras más grandes. En una sola colonia de cría puede haber hasta 40,000 pingüinos emperadores.

Las parejas de pingüinos

Los machos llegan al lugar de reproducción un poco antes que las hembras. Cuando éstas llegan, los machos hacen **demostraciones** o exhiben patrones de comportamiento para atraer a las hembras. Por ejemplo, se quedan parados y quietos, dejan caer la cabeza hacia el pecho y comienzan a emitir sonidos muy fuertes que se conocen como **trompeteo**. Al emitir el trompeteo, un pingüino está llamando a otro. Si una hembra acepta al macho, ella también trompetea. Así los dos se convierten en **pareja** y se aparean.

Esta pareja de pingüinos se está comunicando por medio del trompeteo.

Identificar el llamado

Luego de aparearse, cada pingüino y su pareja viven juntos en una colonia de cría. Pasan tiempo juntos y se comunican una y otra vez con el trompeteo. Cada pingüino tiene un llamado característico. Los pingüinos trompetean constantemente para aprender a identificar el llamado de su pareja.

Sólo un huevo

Unos 45 días después del apareamiento, la hembra pone un huevo grande y de color blanco verdoso. Pone el huevo sobre sus propias patas. La mayoría de las aves hacen nidos para poner los huevos. Sin embargo, los pingüinos emperadores no pueden hacer nidos. No tienen ramitas ni pasto, sino nieve y hielo.

Una pareja de pingüinos forma un ***vínculo*** *especial. Los pingüinos que ya tienen pareja no se aparean con otros pingüinos. Ese vínculo los ayuda a trabajar juntos para criar a sus polluelos durante el crudo invierno de la Antártida.*

Los emperadores y los huevos

La madre debe conservar el huevo durante varias horas antes de pasárselo al padre. El huevo es frágil y el traspaso es peligroso.

Poco después de poner el huevo, la madre se lo pasa al padre. Para ello, lo hace rodar suavemente desde sus patas hasta las patas del padre. Ambos pingüinos deben ser muy cuidadosos al hacerlo. Si el huevo permanece en el hielo por más de unos segundos, se rompe. Si esto sucede, el embrión que hay dentro del huevo muere.

De vuelta al océano

Una vez que el huevo se encuentra a salvo sobre las patas del padre, la madre regresa al océano a buscar alimento. Ya consumió gran parte de su grasa al formar y poner el huevo. Por eso debe acumular más grasa para poder sobrevivir durante el invierno.

Calentar el huevo

El padre incuba el huevo durante el resto del invierno. Lo mantiene en equilibrio sobre las patas y lo cubre con su gruesa bolsa incubadora para mantenerlo caliente. Esta bolsa protege el huevo de las temperaturas muy frías y de los fuertes vientos.

¡Amontónense!

Como los padres no tienen nada para comer, deben **conservar** o ahorrar energía mientras incuban los huevos. Para conservar energía se quedan parados sin moverse o duermen durante mucho tiempo. Para mantener la temperatura, los padres se **amontonan**.

Estos padres están amontonándose para mantener la temperatura.

Los polluelos de pingüino que acaban de salir del huevo no tienen grasa ni plumas gruesas. Salen de la bolsa incubadora sólo para alimentarse.

El nacimiento de los polluelos

A principios de julio, los polluelos salen de los huevos. Tienen la cabeza negra y parches blancos alrededor de los ojos y en las mejillas. Están cubiertos de plumas grises y aterciopeladas. Miden alrededor de seis pulgadas (15 cm) de alto y pesan unas 11 onzas (312 g).

Polluelos hambrientos

Los polluelos recién salidos del huevo son indefensos. Los padres deben alimentarlos y mantenerlos calientes. Apenas nacen, silban para pedir comida. El padre **regurgita** o trae desde el esófago hasta el pico un líquido lechoso que usa para alimentar al polluelo. El líquido viene de una bolsa que el pingüino tiene en lo profundo de la garganta. Sin embargo, el padre tiene apenas lo suficiente para alimentar al polluelo por poco tiempo.

El regreso de las madres

Las madres dejan el océano y regresan a la colonia de cría inmediatamente después de que nacen los polluelos. Los científicos aún no saben cómo hacen las madres para saber cuándo es el momento de regresar a la colonia de cría. La madre trompetea fuertemente para encontrar a su familia en medio de los demás pingüinos de la colonia. Espera a que su pareja le devuelva el llamado. La madre y el padre siguen trompeteando hasta que se encuentran.

Estas madres están en su camino de regreso a la colonia de cría. El alimento que encontraron en el océano les ha dado suficiente energía para realizar el viaje.

Alimentaciòn

Cuando el padre y la madre se encuentran, el padre traslada al polluelo rápidamente desde su bolsa hasta la bolsa de la madre. Éste es un momento peligroso para el polluelo. Si permanece mucho tiempo sobre el hielo, muere congelado. Una vez que el polluelo se encuentra a salvo en la bolsa de la madre, el padre regresa al océano para comer. Para entonces, el padre ha estado sin comer alrededor de tres meses. Ha consumido casi la mitad de su grasa. Es posible que deba caminar durante días hasta llegar al océano y poder comer.

Un polluelo recién nacido puede sobrevivir en el hielo unos dos minutos. Es importante trasladar al polluelo rápidamente.

El turno de mamá

Las madres cuidan a los polluelos manteniéndolos en su bolsa incubadora. Regurgitan comida para alimentar al polluelo. Como se han alimentado en el océano durante dos meses, tienen mucha comida para el polluelo.

Cuidado compartido

El padre se alimenta en el océano durante dos a tres semanas. Luego regresa a ayudar en el cuidado del polluelo nuevamente. Ambos padres se turnan; uno alimenta al polluelo y lo protege de los depredadores, mientras que el otro regresa al océano para alimentarse Tanto el padre como la madre deben comer con frecuencia para sobrevivir en el invierno y proporcionar suficiente comida para que su polluelo sobreviva. ¡El polluelo crece rápidamente!

El gorjeo de los polluelos

Los polluelos gorjean constantemente. El gorjeo de cada polluelo es diferente del de los demás. Cada uno de los padres aprende a identificar el llamado de su polluelo. Cuando uno de los padres regresa del océano para alimentar a su polluelo, escucha su llamado y alimenta solamente a su propio polluelo.

Las aves grandes, como este petrel gigante, suelen cazar y comer polluelos de pingüino emperador.

Crecer en un grupo

Cuando los polluelos tienen cerca de dos meses son demasiado grandes y ya no caben en la bolsa incubadora. Se juntan con otros polluelos y forman un grupo grande llamado **guardería**. Los polluelos de una guardería se amontonan para permanecer calentitos. Si bien los padres ya no los protegen, tanto el padre como la madre siguen alimentándolos. Ambos viajan con frecuencia al océano para comer y traer comida para su polluelo. El polluelo necesita un suministro constante de alimento para crecer y para conservar la suficiente cantidad de grasa en el cuerpo con el fin de mantenerse calentito.

Un polluelo de pingüino emperador de dos meses pesa unas cuatro libras (2 kg).

Por sus propios medios

Cuando el polluelo tiene unos cinco meses, tiene la mitad del tamaño de un pingüino adulto. Los padres dejan de alimentarlo, de manera que el polluelo debe buscar alimento por sus propios medios. Los padres dejan al polluelo y regresan a vivir en el océano. En poco tiempo, el polluelo también se va a vivir al océano.

Plumas nuevas

El polluelo se traslada al océano con otros polluelos para comenzar a buscar alimento. Sin embargo, debe pasar por una muda antes de poder nadar en las aguas heladas. A medida que camina hacia el océano, comienza a perder el plumón esponjoso y le salen las plumas aceitosas e impermeables que necesita para sobrevivir en el agua. Cuando llega al océano, ya le han salido las plumas impermeables. Ahora es un volantón. Los pingüinos volantones primero nadan en el océano durante el verano. Entran al agua helada en grupos pequeños y saben nadar, sumergirse y buscar alimento por **instinto**.

Los polluelos comen mucho y crecen rápidamente.

Pingüinos adultos

Los volantones entran al océano Antártico por primera vez en verano. En este océano hay más alimento en el verano que en cualquier otra época del año. Los volantones nadan grandes distancias en el océano para comer.

El ciclo continúa

La mayoría de los volantones realizan sus primeros viajes a los lugares de reproducción cuando tienen cuatro años. Sin embargo, en esos primeros viajes aún no son adultos y no se aparean. Los pingüinos emperadores llegan a la edad adulta cuando tienen cinco o seis años. Viajan a los lugares de reproducción para aparearse con otros pingüinos adultos y cuidar a sus polluelos. Luego de alimentar y proteger a sus polluelos durante aproximadamente cinco meses, los adultos regresan al océano.

Estos pingüinos adultos están regresando al océano.

Mudas

Los pingüinos emperadores adultos pasan alrededor de un mes en el océano buscando alimento y recuperando la grasa que perdieron durante el invierno. Luego, se trasladan a las masas de hielo para pasar por una muda. Los pingüinos adultos tardan entre tres y cuatro semanas en tener una muda. No pueden volver a meterse al agua hasta que les hayan vuelto a salir las plumas. Por eso no vuelven a comer hasta que haya terminado la muda.

Los pingüinos emperadores pierden las plumas viejas y gastadas en zonas grandes del cuerpo.

Pingüinos vanidosos

Ya sea que estén el agua o sobre el hielo, los pingüinos emperadores **se arreglan las plumas con el pico** frecuentemente. Se las limpian, peinan y aceitan. Para peinarse las plumas usan el pico. Luego toman aceite de las **glándulas uropigiales** que quedan cerca de la cola, y lo distribuyen sobre las plumas. El aceita suaviza, da brillo e impermeabiliza as plumas. Las plumas arregladas les ayudan a mantener el calor corporal y a moverse con facilidad en el agua.

La vida en el ocèano

Los pingüinos emperadores son **carnívoros** o sea que se alimentan de otros animales. Comen principalmente krill, que son animales parecidos a los camarones. También comen peces y calamares. Para atrapar a las **presas** usan su pico filoso. Las presas son los animales que los depredadores cazan.

La boca de los pingüinos

Los pingüinos no tienen dientes. En cambio, tienen el pico y la lengua forrados de púas filosas que apuntan hacia atrás. Las púas les permiten agarrar el alimento, el cual se tragan entero.

Este pingüino está escapando de un depredador.

Depredadores de pingüinos

Las focas leopardo y las orcas son animales que cazan y se comen a los pingüinos emperadores. Para escapar de estos depredadores, los pingüinos nadan y se sumergen rápidamente en el agua. También pueden saltar del agua hacia una masa de hielo.

foca leopardo

Buzos en la profundidad

Los pingüinos emperadores saben sumergirse mejor que cualquier otra especie de ave. Lo hacen rápida y profundamente para atrapar a la presa. Un pingüino adulto puede sumergirse hasta cien veces al día para atrapar a la presa. Puede llegar hasta una profundidad de entre 1,300 y 1,475 pies (entre 396 y 450 m). ¡Algunos hasta pueden llegar a contener la respiración durante 20 minutos!

¡Vivan los emperadores!

Los científicos estiman que hay entre 400,000 y 450,000 pingüinos emperadores en el océano Antártico. En la actualidad estos pingüinos no están **en peligro de extinción**, o sea que no corren el riesgo de desaparecer de la **naturaleza**. Esto se debe principalmente a que viven lejos de los seres humanos. Sin embargo, las acciones de las personas que viven en diferentes partes del mundo pueden perjudicar a estos animales.

Personas que les hacen daño a los pingüinos

Algunas personas cazaban pingüinos para obtener su grasa, que se utilizaba para hacer aceite para lámparas. También recolectaban los huevos de pingüino para comérselos. En la actualidad es un delito recolectar huevos de pingüino o cazar estos animales. Sin embargo, algunos sectores de la **industria pesquera** continúan atrapando krill, peces y otros animales del océano Antártico. Las industrias pesqueras se dedican a atrapar y vender pescado. Si estas industrias **sobrepescan** los animales que los pingüinos cazan, éstos no tendrán suficiente comida para alimentarse. Algunos pingüinos también quedan atrapados y enredados en las redes de pesca. No pueden salir a la superficie del agua para tomar aire y mueren.

Calentamiento del planeta

Una de las amenazas más grandes para los pingüinos emperadores es el **calentamiento del planeta**. Este fenómeno consiste en el aumento de la temperatura promedio de la Tierra. Se produce cuando se liberan al aire **gases de invernadero**. El calentamiento del planeta produce una disminución en las masas de hielo que hay en la Antártida, y en las cuales los pingüinos pueden poner sus huevos y criar a sus polluelos. En poco tiempo, los pingüinos no tendrán dónde poner sus huevos.

Hielo derretido

Los pingüinos emperadores ponen sus huevos lejos del agua. Esta distancia les da tiempo a los polluelos para pasar por una muda antes de que la masa de hielo comience a derretirse. El calentamiento del planeta hace que las masas de hielo se derritan y se rompan antes de tiempo. Si se derriten con mucha anticipación, el agua del océano llega a los polluelos antes de que éstos hayan tenido una muda. Al no tener sus plumas impermeables, los polluelos mueren ahogados o congelados en el océano.

El calentamiento del planeta destruye el hábitat de la Antártida.

La Estación de Investigación de Argentina se encuentra en la Antártida. En la actualidad, hay aproximadamente otras 45 estaciones de investigación en la Antártida.

La gente y los pingüinos

Algunos científicos estudian a los pingüinos en la naturaleza. Estas personas viven y trabajan en estaciones de investigación situadas en la Antártida. Al estudiar a estas sorprendentes aves, los científicos obtienen más información sobre ellas y sobre la manera en que sobreviven en el clima antártico. Hoy en día hay unas 45 estaciones de investigación en la Antártida. En verano, cerca de 4,000 personas viven en las estaciones de investigación. En invierno sólo permanecen unas 1,000 personas.

El Tratado Antártico

El Tratado Antártico protege toda la vida silvestre de la Antártida. Es un documento que ha sido firmado por los gobiernos de 45 países. Su fin es evitar que los seres humanos perjudiquen el hábitat o la vida silvestre de la Antártida.

Turismo

La cantidad de turistas que visitan la Antártida durante los meses de verano aumenta año tras año. Cuando ven los pingüinos emperadores y el hábitat en el que viven, entienden por qué la Antártida es tan especial y por qué hay que protegerla. Estos turistas pueden ayudar a educar a otras personas respecto a las amenazas a las que se enfrentan los pingüinos emperadores. Sin embargo, los turistas deben tomar precauciones para no molestar a estas aves ni contaminar su hábitat.

Aprende más

No necesitas visitar la Antártida para aprender sobre los pingüinos. Ve a la biblioteca pública más cercana a buscar libros, DVD y otros recursos que contengan información sobre los pingüinos emperadores. También puedes ver la película *La marcha de los pingüinos* o visitar los siguientes sitios web para encontrar datos divertidos, fotografías y más recursos.

https://wwf.panda.org/_/wwf_needs_your_help/futuro_rocoso_para_penguinos

www.avesdechile.cl/100.htm

Glosario

Nota: Es posible que las palabras en negrita que están definidas en el texto no figuren en el glosario.

amontonarse Permanecer apretados en un grupo

clima (el) Condiciones meteorológicas a largo plazo de una región

continente (el) Cada una de las siete grandes regiones de tierra del planeta (África, Antártida, América del Norte, América del Sur, Asia, Australia y Europa)

gases de invernadero (los) Gases peligrosos del aire que contribuyen al calentamiento del planeta

hemisferio sur (el) Mitad inferior de la Tierra

impermeable Resistente al agua

instinto (el) Conciencia natural que controla el comportamiento de los animales

naturaleza (la) Regiones naturales que no están controladas por los seres humanos

patas palmeadas (las) Patas que tienen láminas de piel entre los dedos

precipitación (la) Agua que cae del cielo, como la nieve o la lluvia

sobrepescar Sacar una cantidad excesiva de peces de un hábitat

vínculo (el) Emoción o interés compartido

Ìndice